下潜！下潜！到海洋最深处！

别让深海流眼泪

主　编　崔维成　　副主编　周昭英
故　事　李　华　　绘　画　孙　燕　赵浩辰

上海科技教育出版社

开渔日到啦！经过了 4 个多月的休渔期，今天的渔港彩旗飘飘，热闹非凡。渔民们的十几条渔船扬帆起航啦！

安娜驾驶着 “在渊研学号” 渔船，也带着我们出海打鱼啦！

休渔期
休渔期就是禁渔期，人们根据水生资源生长、繁殖的季节性特点，规定在一段时间内禁止捕鱼，从而避开其繁殖、幼苗生长的时间段，以保护渔业资源。

在渊研学

我们乘着渔船来到广阔的海域，头上掠过飞翔的海鸥。我们看到清澈的海水里漂浮着的晶莹水母，还有时而跃出水面的鱼儿们！

我们继续航行了一会儿，到达了预定的捕鱼海域，安娜关闭了马达，船随海风轻轻地摇摆着，一眼望去，无边无际的大海拥抱着我们。

安娜操作自动撒网装置，将又大又长的渔网向着大海撒了下去。

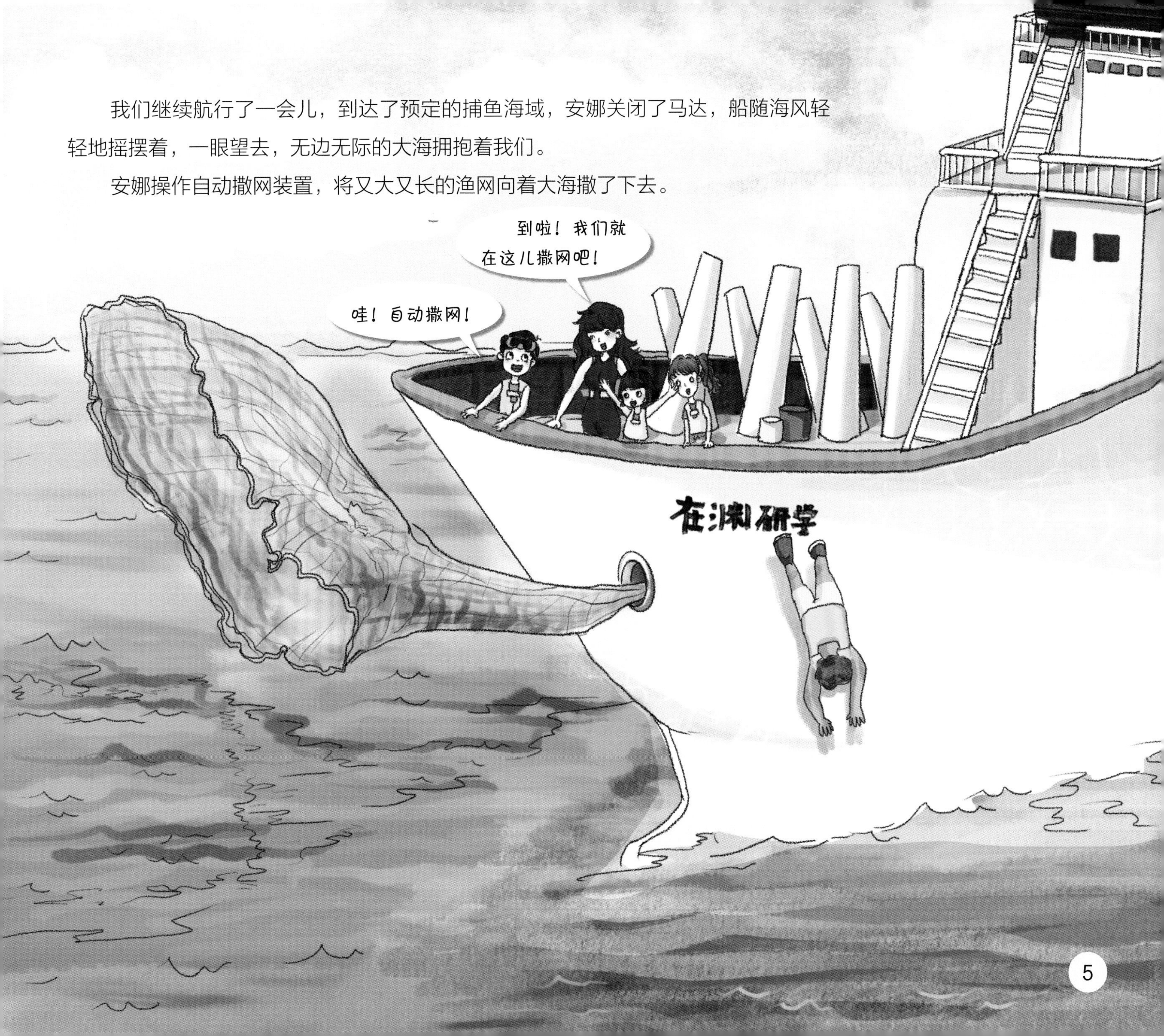

在等待收网的时候，我们的船突然剧烈地晃动起来！
怎么回事？
啊！船要翻啦！
是水怪？

正当我们惊慌失措的时候，水里突然蹿出几条青黑色的大鱼，直接跳到了船上，上下翻腾，水花四溅！

还没等我们反应过来，小巴瑶从水里冒出了头！原来是小巴瑶在船底捣鬼！

收网的时候到了！大家瞪大眼睛注视着被拉上船的渔网，紧接着，一网活蹦乱跳的鱼虾被倒了出来。
我们有海鲜大餐吃啦！

小巴瑶是吃海鲜的行家，他忙着教我们挑拣和清洗鱼虾。

安娜像变魔术一样搬出电烤架来，原来她连调料包都已经准备好了！

烤熟的各种鱼儿香飘四溢，我们围在一起，品尝着美味的海鲜。小巴瑶边吃边给我们介绍电烤架上的各种鱼。
这是巴浪鱼、白鲳鱼、黄鸡鱼、鲣鱼、马友鱼……
这个鱼我认识，八爪鱼！
八爪鱼可不是鱼！哈哈！
巴浪鱼
白鲳鱼
黄鸡鱼
鲣鱼
马友鱼

小巴瑶把他抓到的大鱼抱到水池里清理，当鱼的肚子被划开的时候，我们都大吃一惊！只见鱼的肚子里塞满了大小不一的瓶盖，还有其他塑料碎片！

安娜闻声过来，她戴上手套，仔细地用镊子将鱼肚里的塑料瓶盖、塑料碎片、绳子和其他垃圾一一取了出来，放在小托盘里。
我看到这条鱼的时候就感觉它有点不对劲！
海洋里有很多垃圾吗？
都是海洋垃圾惹的祸！

如果真的如安娜所说，海洋垃圾是罪魁祸首，那么这条鱼的生活环境该是多么糟糕呀！我们决定去它的家园一探究竟。

安娜按下了呼叫海狸的按钮。海狸皱着眉头盯着可怜的大石斑鱼，伸出手掌扫描了一下鱼身，将目标方位告诉了我们。

安娜操纵渔船变回飞碟，迅速沉入水下，朝着海狸所指的方向驶去。珊瑚礁群渐渐出现在水下，海水中出现了一些近乎透明的“白纱”！

噢，是塑料袋！小海
龟被塑料袋套住脑袋了！
安娜姐姐！快！救救它！
我们的飞碟缓缓地接近小海龟，在安娜按下按钮之后，飞碟伸出机械手，将套住小海龟的塑料袋取了下来。被解救的小海龟冲我们点点头，欢乐地游走了。

我们距离海底珊瑚礁越来越近了，各种鱼类和珊瑚生物多起来了。可是我们却发现，一簇簇的珊瑚丛中有许多本不应该属于这里的东西！

附近一带是著名的海洋度假胜地，大量的游客产生的垃圾和污染物严重影响了海洋环境。这里还有浮潜者们留下来的垃圾。
珊瑚礁上也挂着塑料袋！
怎么会这样？
看！那里有饮料瓶！
这些漂着的白色东西都是塑料袋！

在这里生活的海洋动物真可怜！它们为什么不去干净、没有污染的地方生活呢？
事实上，海洋已经没有净土了！在海洋最深的马里亚纳海沟，科学家们竟然也发现了塑料垃圾！

海狸操纵飞碟从水中腾空而起，载着我们在天空中划出一道美丽的弧线。

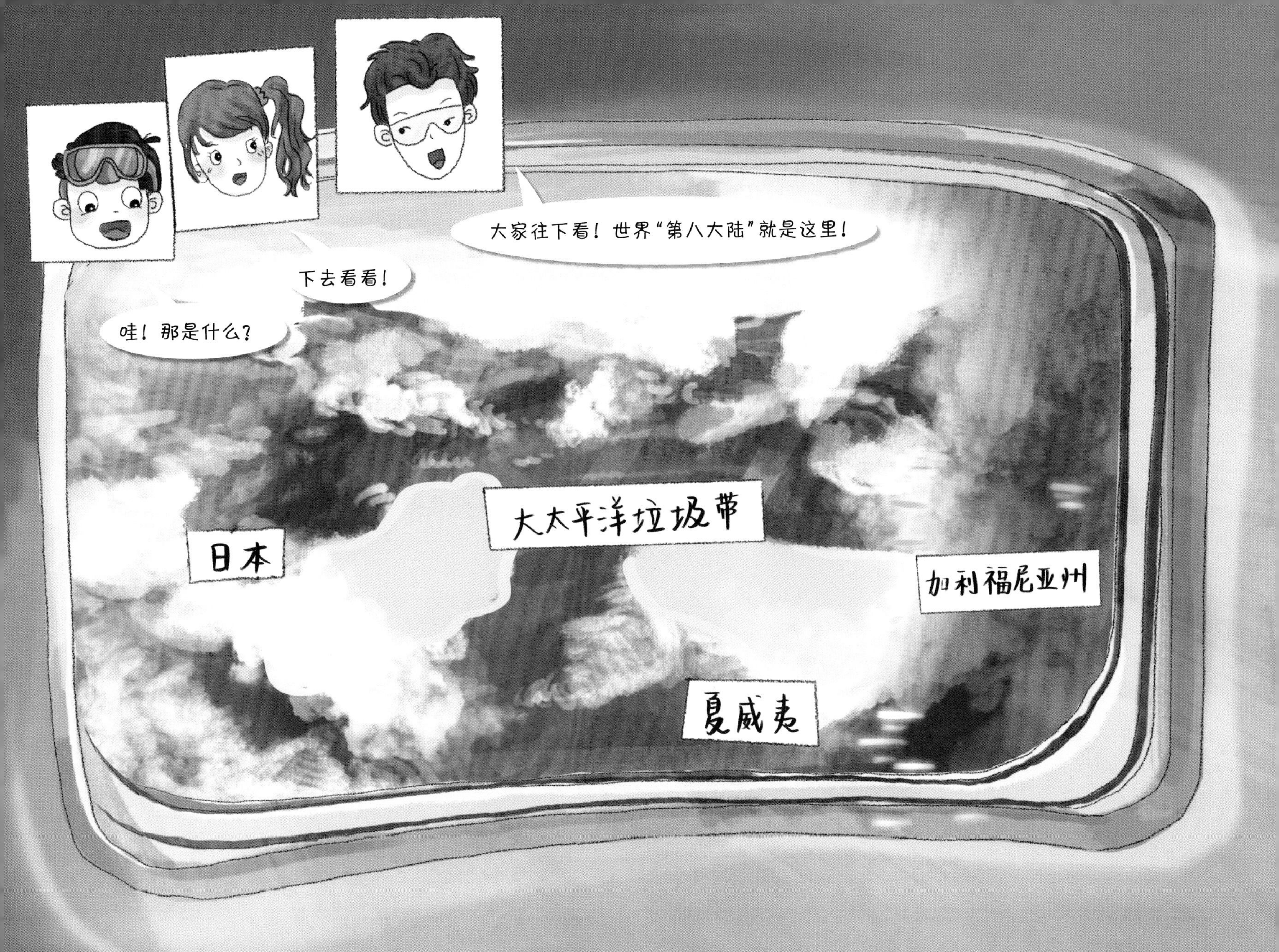

海狸说的“第八大陆”位于太平洋中间，竟然是一个面积超过 160 万平方千米的漂浮在海面上的巨型旋涡！

当飞碟渐渐降落在水面上时，“第八大陆”的面貌出现在我们眼前，那是一望无际的垃圾！
这些垃圾都来源于人类，除了少量来源于海上航行的垃圾，大部分是来自陆地的无法降解的塑料垃圾。
因为这里是太平洋的气流中心，海水流动速度非常慢，来自亚洲东海岸和北美洲西海岸的垃圾通过洋流系统逐渐漂浮汇聚在一起。
太可怕了！竟然全部都是垃圾！
这些垃圾为什么汇聚在这里？
看！那边有一群小黄鸭！和我家里的一样呢！

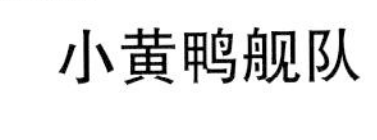

小黄鸭舰队

1992 年，一艘装载着近 2.9 万只中国制造的橡皮小黄鸭玩具的货轮在太平洋遭遇强风暴，玩具小黄鸭坠入大海。散落的小黄鸭开始了它们的“奇幻漂流”。令人难以置信的是，由 1 万多只玩具鸭组成的“鸭子舰队”在海洋上漂流了 15 年之后，于 2007 年抵达了英国海岸。据估计，剩下的鸭子在“第八大陆”找到了“归宿”。

水鸟会把垃圾当成食物吃进去！鱼也会的！
看！有水鸟在漂浮的垃圾中捕食！
怪不得那条石斑鱼肚子里会有塑料垃圾！
没有！我的肚子里怎么会有！
乐乐的肚子里可能也有塑料垃圾吧！

海洋里的塑料垃圾有的会慢慢变成小的碎片和颗粒，直径小于5毫米的这些颗粒就被称为“微塑料”。科学家已经在人体的粪便中发现了微塑料的存在！
最小的微塑料能进入血液、淋巴系统甚至肝脏。肠道中的微塑料也可能影响消化系统的免疫功能，从而影响我们的健康。
我知道了！如果我们吃了体内含有微塑料的鱼和其他海鲜，微塑料就进入我们的肚子了！
微塑料？

打捞
运输
海洋风暴
对！从海洋里打捞、运送垃圾要克服很多困难，比如海洋风暴等恶劣天气。
捞尽海洋中的垃圾是个大工程，估计需要几十年的时间才行，而且前提是要保证人类不再继续制造垃圾。
可以把这些垃圾捞上来吗？

不试试怎么知道！
把海水抽干！
可以把海水抽干吗？我爷爷就是抽干鱼塘后清理垃圾和淤泥的！
嗯？听起来这个主意不错呢！抽干海水不但方便清理垃圾，还使人更容易探索海底的沉船宝藏和神秘海沟！
海狸，你说呢？

如果把海水抽干会怎样？海狸和安娜带我们来到了海洋科技中心的地质模拟实验室。

实验室的巨型球幕真的很酷！要不是球幕下放着一排复杂的电脑和实验设备，我还以为是进入了球幕电影放映厅呢！

巨大的球幕上出现了地球，开始时慢慢旋转，然后越转越快！巨大的海浪汹涌澎湃，震耳欲聋的水声风声呼啸而来！4道巨型水柱忽然从地球上升起，就在我们眼前汇聚成一颗巨大的水球，我们不约而同地伸出手想去触摸一下，可是它却又缓缓降落在亚欧大陆上，变成了一颗水珠！

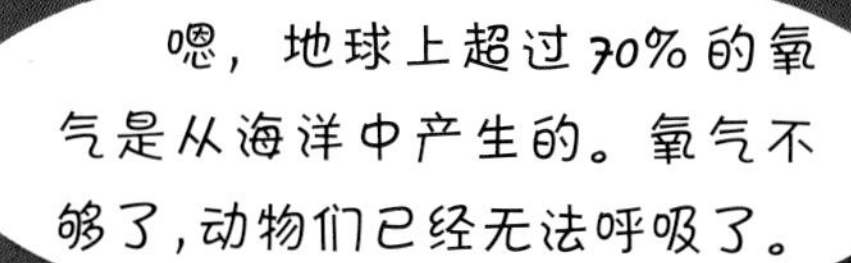
嗯，地球上超过70%的氧气是从海洋中产生的。氧气不够了,动物们已经无法呼吸了。
没有海水蒸发和洋流运动带来的降雨，地球表面的温度将越来越高！荒漠的面积越来越大！看，赤道地区大量干枯的植物被太阳光点着了！
哦，海底岩浆爆发了！因为海洋里的水被抽干，海底岩石圈下的软流层失去了抑制物，岩浆四处喷射，产生的气浪的威力足以击落卫星！
不要啊！没有海鲜吃啦！地球着火啦！地球爆炸啦！
植物都干死了！动物也都奄奄一息！
糟了！大火已经蔓延到世界各地啦！

在被抽干海水的地球上，可怕的一幕幕开始不断上演！

当海狸将我们从火光、爆炸和死亡中拯救回来的时候，我们才反应过来，这只是一个模拟实验！

太好了！海洋还在！海水没干！是时候好好保护我们的海洋了！

图书在版编目（CIP）数据

下潜！下潜！到海洋最深处！. 5，别让深海流眼泪 / 崔维成主编. --上海：上海科技教育出版社，2021.7

ISBN 978-7-5428-7512-9

Ⅰ. ①下… Ⅱ. ①崔… Ⅲ. ①深海-探险-少儿读物 Ⅳ. ①P72-49

中国版本图书馆CIP数据核字(2021)第078411号

主　　编　崔维成

副 主 编　周昭英

下潜！下潜！到海洋最深处！

别让深海流眼泪

故　　事　李　华

绘　　画　孙　燕　赵浩辰

责任编辑　顾巧燕

装帧设计　李梦雪

出版发行　上海科技教育出版社有限公司

（上海市柳州路218号　邮政编码200235）

网　　址　www.sste.com　www.ewen.co

经　　销　各地新华书店

印　　刷　上海昌鑫龙印务有限公司

开　　本　889×1194　1/16

印　　张　2

版　　次　2021年7月第1版

印　　次　2021年7月第1次印刷

书　　号　ISBN 978-7-5428-7512-9/N·1122

定　　价　108.00元（共5册）